Sitzungsberichte
der Akademie der Wissenschaften
der DDR
Mathematik – Naturwissenschaften – Technik

6 N

1975

Karlheinz Lohs

Der Mißbrauch der chemischen Forschung

AKADEMIE-VERLAG · BERLIN

Sitzungsberichte der
Akademie der Wissenschaften der DDR
Mathematik — Naturwissenschaften — Technik

Jahrgang 1975 · Nr. 6/N

Karlheinz Lohs

Der Mißbrauch der chemischen Forschung

Dargestellt am Beispiel
der Entwicklung von Massenvernichtungsmitteln

Resolution des Plenums der
Akademie der Wissenschaften der DDR
vom 20. 3. 1975

AKADEMIE-VERLAG · BERLIN
1975

Vortrag von Karlheinz Lohs,
Ordentliches Mitglied
der Akademie der Wissenschaften der DDR,
gehalten vor dem Plenum der AdW
am 27. Februar 1975

Resolution des Plenums
der Akademie der Wissenschaften der DDR
vom 20. 3. 1975

Herausgegeben im Auftrage
des Präsidenten
der Akademie der Wissenschaften der DDR
von Vizepräsident Prof. Dr. Heinrich Scheel

Erschienen im Akademie-Verlag, 108 Berlin, Leipziger Str. 3–4

Lizenznummer: 202 · 100/281/75
Gesamtherstellung: VEB Druckhaus Köthen
Bestellnummer: 752 878 5 (2010/75/6/N) · LSV 1205
Printed in GDR
EVP 3,–

Der Mißbrauch der Wissenschaft hat auf militärischem Gebiet mit der Herausbildung des Imperialismus eine atavistische Monstrosität erreicht, die nach zwei verheerenden Weltkriegen auf einen dritten Weltkrieg unvorstellbaren Ausmaßes hinstrebt, wenn es nicht gelingt, zu internationalen Vereinbarungen auf dem Gebiet der Abrüstung zu gelangen. Von welcher Betrachtungsweise und welchem Fachgebiet aus man daher auch immer zum militärischen Mißbrauch der Wissenschaft Stellung nimmt, stets ist damit direkt oder indirekt die Abrüstungsproblematik verknüpft, eingedenk der Feststellung von Karl Marx, daß Rüstung „ökonomisch dasselbe ist, als wenn die Nation einen Teil ihres Kapitals ins Wasser würfe".[1]

In diesem Sinne sollen die folgenden Darlegungen mit einigen Passagen aus der Rede des sowjetischen Außenministers Andrej Gromyko auf der 29. Tagung der UNO-Vollversammlung im September 1974 in New York eingeleitet werden. Er führte u. a. aus: „Man muß der Wirklichkeit direkt ins Auge sehen: Bis jetzt ist es nicht gelungen, das Wettrüsten zu stoppen. Mehr noch, heute verschlingt es mehr Mittel als vor 10 bis 20 Jahren. Es ist errechnet worden, daß in der Welt jährlich mehr als 250 Milliarden Dollar für die Rüstung verheizt werden ... Offen erklärt zumindest keine einzige Regierung, daß sie für das Wettrüsten sei. Aber die Waffen werden dennoch angehäuft. ... Unerbittlich arbeiten die Fließbänder weiter, von denen weitere Serien Zerstörungswaffen laufen. Es entsteht eine paradoxe Situation. Noch nie hat die Bewegung für den Frieden ein solches Ausmaß angenommen wie heute, und noch nie zuvor ist in der Welt in einem solchen Umfang aufgerüstet worden wie gegenwärtig. Auf der einen Seite ist der Drang von Hunderten Millionen Menschen nach Frieden, die die drohende Gefahr des Wettrüstens erkannt haben, auf der anderen Seite die wachsende Waffenlawine."

Andrej Gromyko geht dann auf die wesentlichen Veränderungen im internationalen Kräfteverhältnis zugunsten des Sozialismus und auf die politischen sowie ökonomischen Konsequenzen der Abrüstung ein. Er würdigt die bisherigen Erfolge der Bemühungen um weltweite Abrüstungsmaßnahmen und kommt dabei zu folgender Feststellung: „Eine Reihe von Abkommen schließt den Boden der Meere und Ozeane, den Weltraum und die Himmelskörper aus einer möglichen Sphäre der Stationierung von Kernwaffen aus. Entsprechend einer internationalen Vereinbarung sind solche Waffen wie bakteriologische verboten und aus den Kriegsarsenalen entfernt. Es eröffnet sich die Perspektive, ein weiteres tödliches Mittel der Kriegführung — die chemischen Waffen — gesetzlich zu verbieten."[2]

Dieser letzte Satz des Zitates aus der Rede des sowjetischen Außenministers führt uns von der generellen Betrachtung der derzeitigen weltpolitischen Situation auf dem Gebiet der Abrüstungsbemühungen zur speziellen Problemstellung dieses Plenarvortrages. Am ausgewählten Beispiel der *chemischen* Massenvernichtungsmittel soll dargelegt werden, wie die mißbräuchliche Verwendung von Erkenntnissen meines Fachgebietes, der Chemie, zur Eskalation der chemischen Waffen beigetragen und insbesondere in den letzten zehn Jahren dem Problem eine neue Dimension gegeben hat.[3]

Die nunmehr sechzigjährige Geschichte der Massenvernichtungsmittel begann mit dem ersten großangelegten Einsatz des Giftgases Chlor durch die kaiserlich-deutschen Truppen bei Ypern am 22. April 1915. Mußte ein Fritz Haber — wie dies von Richard Willstätter so eindrucksvoll geschildert wurde[4] — die Generalstabsoffiziere und den deutschen Kaiser erst vom militärischen „Nutzen" der Gaswaffe mühsam überzeugen, so begann mit dem dann großangelegten Einsatz der verschiedensten Giftstoffe als chemische Waffen eine immer planmäßiger betriebene Suche nach Mitteln und Möglichkeiten sowie geeigneten Chemikern, Toxikologen und Technikern für eine bis dahin unvorstellbare und noch heute andauernde Eskalation der Massenvernichtungswaffen.

Es ist nicht der Zweck dieser Darlegungen, alle die Etappen dieser Entwicklung im ersten Weltkrieg, den Jahren bis zum zweiten Weltkrieg und die darauffolgende, vor allem durch die Kern- und Raketenwaffen gekennzeichnete Zeit sowie die unheilvolle Rolle des militärisch-industriellen Komplexes[5] hier näher zu beleuchten. Der am Detail Interessierte sei auf die Literatur verwiesen.[6] Wir müssen es uns auch versagen, auf die mit dem Einsatz der neuen Kriegsmittel verknüpften Probleme des Völkerrechtes und des Kriegsrechtes näher einzugehen.[7] Hierzu ist jedoch die grundsätzliche Feststellung zu treffen, daß mit dem Sieg der Großen Sozialistischen Oktoberrevolution erstmalig in der Weltgeschichte das bis dahin weitgehend utopische Recht der Völker auf Frieden und damit die ausschließlich humanitäre Nutzung der Wissenschaft konkrete Gestalt angenommen hat. Es ist die Sowjetunion, die seit ihrer Gründung immer und immer wieder Vorschläge zur allgemeinen und vollständigen Abrüstung vorlegte und insbesondere auch stets die Ächtung der chemischen Waffen fordert.

Für das Gebiet der chemischen Kampfstoffe sei zur Bewertung der heutigen Sachlage hier eine gedrängte Übersicht über einige Kampfstoffgruppen eingefügt, die zeigen soll, aus welchen chemisch sehr unterschiedlichen Substanzklassen sich die chemischen Kampfstoffe rekrutieren.

LAKRIMOGENE (Augenreizstoffe)

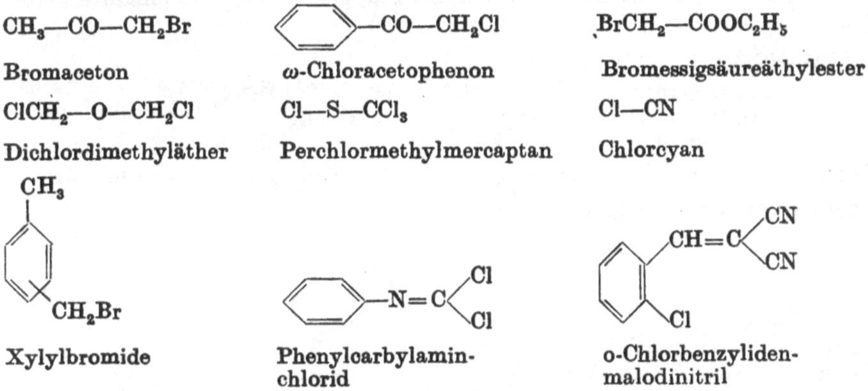

Abb. 1. Ausgewählte Augenreizstoffe (Lakrimogene)

Die Abbildung 1 gibt einige ausgewählte Augenreizstoffe wieder, von denen das z. B. in Polizeiwaffen als „Tränengasmunition" verwendete ω-Chlorazetophenon und militärisch besonders das ortho-Chlorbenzylidenmalodinitril, der sogenannte CS-Stoff, praktische Bedeutung besitzen. Neben diesem CS-Stoff ist das seit etwa drei Jahren in England ins chemische Waffenarsenal aufgenommene sog. „CR-Gas" (ein Dibenzoxazepin) besonders zu beachten.

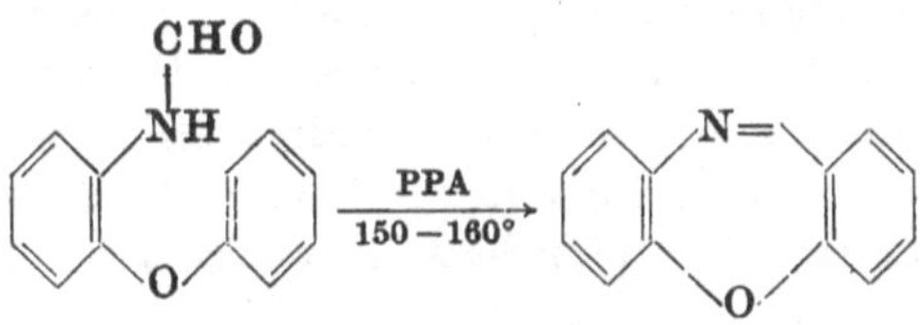

Abb. 2. CR-„Gas", einer der neuesten Reizstoffe mit lakrimogener Wirkung

Sowohl das CS als auch das CR wirken nicht nur als Lakrimogene schlechthin, sondern sie schlagen die Brücke von den „harassing agents" zu den „incapacitating agents", weil unter bestimmten Einsatzbedingungen ihre psychosomatische Wirkung an die mancher Psychogifte heranreicht — zumindest was die Auslösung von Angstzuständen und damit verknüpfter Panikreaktionen anbetrifft. Dies gilt auch für die Sternutatoren, die Abbildung 3 wiedergibt.

Von diesen Nasen- und Rachenreizstoffen haben Clark I und II auf deutscher und Adamsit auf alliierter Seite als sogenannte „Maskenbrecher“ zum Durchschlagen der damals noch ohne Schwebstoffeinsatz ausgerüsteten Schutzmasken vorübergehend eine militär-chemisch wichtige Rolle gespielt. Das Adamsit wird auch heute noch in den NATO-Armeen bevorratet und ist nach Presseberichten in begrenztem Umfang auch von den US-Truppen in Vietnam eingesetzt worden.

LUNGENGIFTE

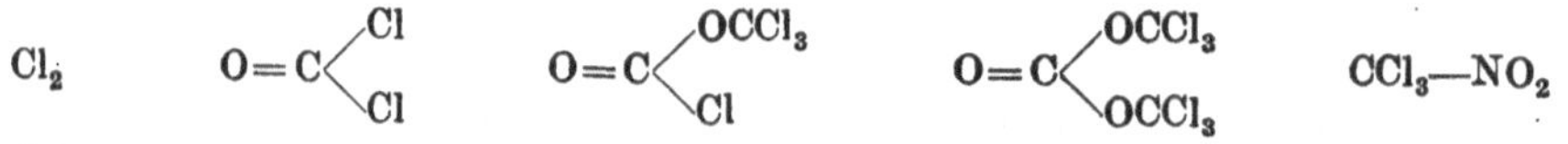

Chlor Phosgen Diphosgen Triphosgen Chlorpikrin

STERNUTATOREN (Nasen- und Rachenreizstoffe)

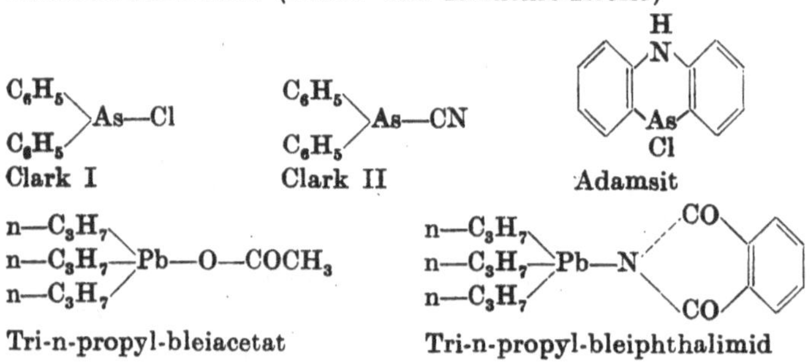

Abb. 3. Ausgewählte Nasen-Rachenreizstoffe (Sternutatoren) sowie einige ausgewählte Lungenreizstoffe

Die beiden Beispiele für bleiorganische Sternutatoren sind wohl nur noch militärhistorisch interessant. Diese und mehrere Dutzend andere bleiorganische Verbindungen wurden während des zweiten Weltkrieges vor allem in Großbritannien bei Arbeiten über die eventuelle Nutzung des Bleitetraäthyls als chemischer Kampfstoff aufgefunden; sie waren wegen ihrer Reizwirkung in Verdünnungen von teilweise 1 : 10 Millionen für die Militärchemiker vorübergehend von Interesse.

Auch die im oberen Abschnitt der Abbildung 3 aufgeführten Lungengifte sind heute als militärisch obsolet zu betrachten — jedenfalls was den „großen“ chemischen Krieg anbetrifft.

In der Abbildung 4 sind auswahlweise die wichtigsten der militärisch bedeutsamen Hautgifte zusammengestellt. Die sicher bekannteste und auch bis heute noch militärisch zu beachtende Verbindung ist das 2,2′-Dichlordiäthylsulfid — unter den Namen Lost, Yperit, Senfgas und Gelbkreuz war dieses jahrzehntelang als „König der Kampfstoffe“ bezeichnete Hautgift geradezu der

Prototyp der chemischen Waffe. Relativ einfache Herstellung, niedriger Preis, langdauernde Wirkung bei verzögert auftretenden Symptomen, schlechte Heilungstendenz bei meist nie wieder vollständig herstellbarer Gesundheit und das Risiko tückischer Spätschäden haben dieses Gift auch in das Bewußtsein

HAUTGIFTE

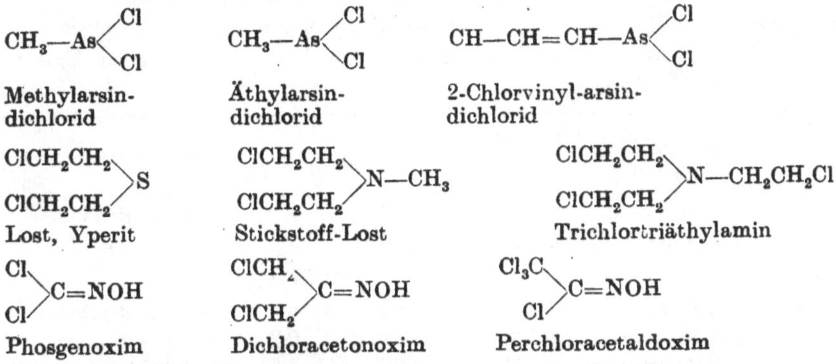

Abb. 4. Ausgewählte Hautgifte

der breiten Öffentlichkeit geprägt. Da sowohl das Schwefel-Lost als auch die Stickstoff-Loste noch bevorratet werden, weil sie unter geeigneten klimatischen Bedingungen besonders als seßhafte Geländekampfstoffe selbst für eine modern ausgerüstete Armee vorübergehend den Bewegungsraum empfindlich beeinträchtigen können — und bis heute keine rationelle Therapie der Lost-Vergiftungen existiert! —, spielen diese Verbindungen in den Überlegungen zum chemischen Schutz der Truppen nach wie vor noch eine Rolle.[8]

Der barbarische Einsatz chemischer Kampfstoffe durch die USA in Vietnam hat mit erschreckender Deutlichkeit gezeigt, daß generell die Hautgiftwirkungen

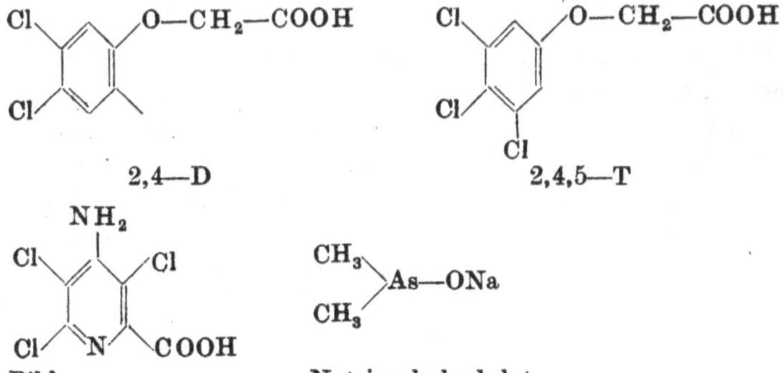

Abb. 5. In Vietnam von den USA eingesetzte Phytogifte

sowohl hinsichtlich der akuten Symptomatik als auch unter dem Aspekt der sekundären Schädigungen bis hin zur Spätschadenproblematik für die Bewertung einer biologisch-aktiven Substanz als chemischer Kampstoff wesentlich sind. Wie wir alle wissen, wurde von den USA unter der verharmlosenden Bezeichnung eines „Herbizid-Einsatzes" zur vorgeblichen Entlaubung des Dschungels in Vietnam eine neue Variante des chemischen Krieges erprobt.

Abbildung 5 stellt einige der zur Anwendung gekommenen Phytogifte vor. Die Abbildung 6 gibt die Zusammensetzung dieser militärischen Einsatzmittel der US-Armee wieder.

This is what the military is spraying

Agent	Composition		Lb/gal AE*	Use
Orange	N-Butyl ester 2,4-D	50%	4.2	*General defoliation*
	N-Butyl ester 2,4,5-T	50%	3.7	*of forest, brush*
			Total 7.9	*and crops*
Purple	N-Butyl ester 2,4-D	50%	4.2	*General defoliation*
	N-Butyl ester 2,4,5-T	30%	2.2	*agent — interchange-*
	Isobutyl ester 2,4,5-T	20%	1.5	*able with orange*
			Total 7.9	
White	Tri-isopropanolamine salt 2,4-D		2.0	*Forest defoliation —*
	Tri-isopropanolamine		0.54	*long term*
	salt pricloram		Total 2.54	
Blue	Sodium cacodylate	27.7%		*Rapid short-term*
	Free cacodylic	4.8%		*defoliation —*
	Water, sodium chloride balance		3.1	*grass and rice*

* Active Equivalent of the acid.

Abb. 6. Rezepturen für Phytogift-Kampfstoffe der US-Army während des Vietnam-Krieges (nach „Scientific Research")

Aus Abbildung 7 ist die Eskalation des chemischen Krieges in Vietnam deutlich abzulesen. Nach offiziellen Angaben der USA sind zwischen 1962 und 1971 in Vietnam über einem Areal von der Größe des US-Bundesstaates Connecticut insgesamt ~70 000 Tonnen dieser Phytogifte versprüht worden.

Diese „Herbizid"-Einsätze, die oftmals noch mit nachfolgenden Napalm-Angriffen zur totalen Verwüstung in des Wortes grausamster Bedeutung gekoppelt waren, haben zu schweren ökologischen Schäden geführt, die (nach Berechnungen von Wissenschaftlern der USA) mindestens 50 Jahre zu ihrer Überwindung benötigen.[9] Das ganze Ausmaß der dem vietnamesischen Volk zugefügten Leiden wurde jedoch erst deutlich, als sich herausstellte, daß die obengenannten Halogenphenoxykarbonsäuren nicht nur zu schweren, dem

Spraying nears 1.5 million acres/yr			
	Acres sprayed/year		
Year	Defoliation	Crop Destruction	Total
1962	17,119	717	17.836
1963	34,517	297	34,814
1964	53,873	10,136	64,009
1965	94,726	49,637	144,363
1966	775,894	112,678	888,572
1967	1,486,446	221,312	1,707,758
1968	1,297,244	87,064	1,384,308

These are estimates based on number of spray missions flown, calibrated spray rates and width of spray swath.

Abb. 7. Steigerungsraten des Einsatzes von Phytogift-Kampfstoffen der US-Army während des Vietnam-Krieges (nach „Scientific Research")

Lost vergleichbaren Hautschäden führen, sondern noch zusätzliche Organschädigungen auslösen sowie teratogene und wahrscheinlich auch kanzerogene Wirkungen zur Folge haben, weil eine bislang nicht beachtete, extrem toxische Nebenkomponente in derartigen Herbizid-Kompositionen vorhanden war. Es handelt sich um das 2,4,7,8-Tetra-chloridbenzodioxin, kurz Dioxin genannt, welches auf Abbildung 8 dargestellt ist.

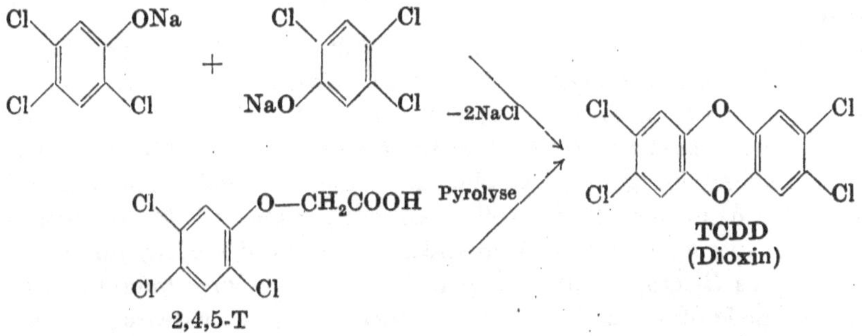

Abb. 8. DIOXIN, Formel und Bildungsweisen

Die Abbildung stellt gleichzeitig auch einen der Reaktionswege dar, der im technischen Prozeß als Nebenreaktion zu diesem gefürchteten Dioxin führt, das heute nach übereinstimmender Auffassung der Toxikologen zu den gefährlichsten synthetischen Giften zählt. Es kann nicht nur bei Syntheseprozessen, sondern auch auf pyrolytischem Wege, z. B. beim Abbrennen von Gehölzen, die mit Halogenphenolen bzw. entsprechenden Derivaten behandelt worden sind, entstehen.[10] Dioxin ist chemisch außerordentlich stabil, und bereits in Konzentrationen von 10—20 Mikrogramm/kg führt es schwerste Gesundheitsschäden herbei.

Der Mißbrauch der aus der chemischen Forschung hervorgegangenen Produkte als Mittel des chemischen Krieges ist am Beispiel des US-amerikanischen Herbizid-Einsatzes besonders offenkundig geworden. Allerdings sind die Überlegungen der US-Army nicht auf die Phytogiftanwendungen in Vietnam beschränkt geblieben. Hierzu folgendes Zitat aus dem im Herbst 1974 beim Verlag Chemie, Weinheim, erschienenen seriösen Fachbuch „Umwelt ohne Gift?" von Frank Allmer: „Im August 1972 berichtete die ‚Washington Post' von einer strategischen Studie einer Expertengruppe der amerikanischen Armee, die für den Fall eines Krieges in Westeuropa den Einsatz chemischer Mittel zur Vernichtung von Wäldern und anderer Vegetation vorgeschlagen hat. Die Militärs meinten, die ‚Entlaubung' europäischer Wälder würde eine Verteidigung erleichtern. Die Zahl der benötigten Truppen könnte verringert werden. Die Analyse soll Truppenbewegungen zwischen Mainz, Bonn und Kassel untersucht haben."[11] Daß das Verteidigungsministerium der BRD wissen ließ, ihm sei diese amerikanische Armee-Studie unbekannt, dürfte wohl kaum darüber hinwegtäuschen, wie ernst die Situation ist und mit welch unverminderter Brutalität die amerikanischen Militärs ihre Planungen betreiben. Für diese Leute war Vietnam ein großes „chemisches Versuchsgelände", eine Art Technikum, in welchem sie die Mittel für den von ihnen kalkulierten „großen Krieg" erprobten.

Zu den in Vietnam erprobten Kriegsmitteln zählten auch die seit dem Koreakrieg erheblich weiterentwickelten „Incendiary Weapons", die Brandwaffen, insbesondere das Napalm in allen seinen Varianten. Es fehlt hier die Zeit, auf diese Seite des Mißbrauches der Chemie zur Entwicklung von Massenvernichtungsmitteln näher einzugehen. Daß man es bei diesen Brandwaffen heute mit Kampfmitteln zu tun hat, die im völkerrechtlichen Sinne den Massenvernichtungswaffen zuzuordnen sind, wird inzwischen auch von der UNO diskutiert.[12] Der Autor dieses Beitrages hatte Gelegenheit, im Stockholmer Internationalen Institut für Friedensforschung (SIPRI) an einem Symposium zu dieser Frage teilzunehmen und an einer entsprechenden Studie mitzuarbeiten.[13] Während dieser Arbeiten stieß er auch auf das Buch „The Scientific Method" des allen Chemikern durch seine Lehrbücher bekannten Amerikaners Louis F. Fieser, dem wissenschaftlichen Vater des Napalms und anderer Brandmittel.[14] Es lohnt sich, dieses Buch zu lesen. Nicht weil es so gut ist, aber weil es einen Einblick in die Denkungs- und Handlungsweise eines bewußt für die Zerstörung arbeitenden Chemikers gibt, dem dies alles nur interessante Chemie ist und der ein bemerkenswertes Pendant zu jenen Physikern in den Laboratorien von

Los Alamos darstellt, die nicht die Konsequenzen der Atombombe, sondern nur die „schöne Physik" daran sahen. Sicherlich denken auch jene Physiker und Chemiker nicht viel anders, die Elaste und Plaste mittels der Erkenntnisse der Ballistik in neuartige konventionelle Waffen „umfunktionieren" und an speziellen Geschossen arbeiten, die noch perfekter töten, und falls sie „nur" verletzten, die Qual der Leiden steigern sowie die medizinische Hilfe erschweren, denn Splitter dieser Geschosse können nicht mehr auf den Röntgenbildern erkannt werden![15] Das von BRECHT in seinem „Galilei" so treffend charakterisierte „Geschlecht erfinderischer Zwerge, die für alles gemietet werden können", ist noch nicht ausgestorben! So haben diese wissenschaftlichen Masochisten gegen Ende des Vietnamkrieges auch noch eine weitere Methode der militärischen Perversion erprobt — die chemische Wetterbeeinflussung, den „Wetterkrieg" und damit den „chemischen Krieg ohne chemische Kampfstoffe". Diese Möglichkeit der militärischen Zerstörung der Umwelt ist in der eingangs zitierten Rede des sowjetischen Außenministers und in dem von der UdSSR der UNO vorgelegten Entwurf einer Konvention zum Schutz der Umwelt vor militärischen und sonstigen Einwirkungen im Zusammenhang mit noch weiteren Möglichkeiten einer künftigen „geophysikalischen Kriegführung" bzw. eines „environmental war" konkret ausgesprochen worden.[16]

In Anbetracht einer derartigen Eskalation der Kriegstechnik wird man an die Worte LENINS erinnert, die er am 4. Juni 1918 auf der gemeinsamen Sitzung des Gesamtrussischen ZEK in wahrhaft prophetischer Weise sprach:

„... Schon viele Jahre vor dem Krieg haben die Sozialisten aller Länder darauf hingewiesen ..., daß ein Krieg zwischen fortgeschrittenen Ländern nicht nur das größte Verbrechen wäre, ... sondern daß er auch zur Untergrabung der Existenzbedingungen der menschlichen Gesellschaft führen kann und unweigerlich führen wird. Denn zum erstenmal in der Geschichte werden die gewaltigsten Errungenschaften der Technik in solchen Ausmaßen, so zerstörerisch und mit solcher Energie zur Massenvernichtung von Millionen Menschen verwendet ..."[17]

Die nachfolgend darzustellende weitere Entwicklung der mißbräuchlichen Verwendung chemisch-toxikologischer Erkenntnisse für die „Vervollkommnung" von Massenvernichtungswaffen unterstreicht nachdrücklich die LENINsche Einschätzung.

Die Palette der chemischen Kampfstoffe hat mit den (vereinfachend) als „Nervengifte" bezeichneten phosphororganischen Estern vom Typ des Tabun, Sarin und Soman zunächst auf deutscher Seite und mit dem DFP sowie verwandten phosphororganischen Verbindungen auf westalliierter Seite eine ganz wesentliche Erweiterung erfahren. Abbildung 9 gibt die Formeln der genannten Verbindungen wieder.

Die Geschichte ihrer Entdeckung bis hin zur technischen Fertigung dieser mit Recht als „Ultragifte“ bezeichneten chemischen Kampfstoffe ist hinlänglich bekannt; inzwischen sind auch Einzelheiten über den Produktionsumfang der USA an phosphororganischen Kampfstoffen bekannt geworden.[18]

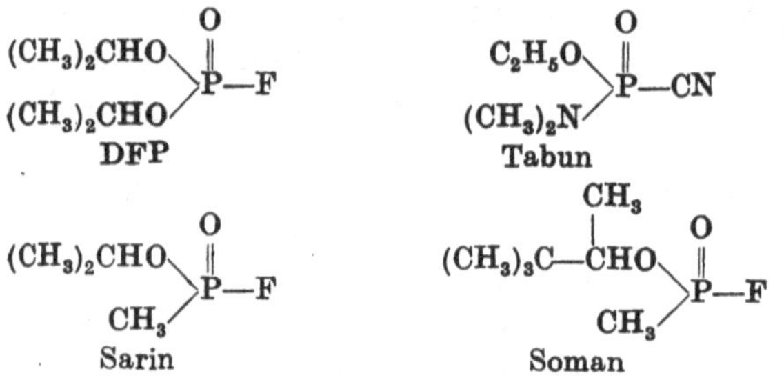

Abb. 9. Phosphororganische Kampfstoffe, die vor und während des II. Weltkrieges entwickelt wurden

Inzwischen ist eine zweite Entwicklungsphase mißbräuchlicher Nutzung von Resultaten der phosphororganischen Chemie für die Schaffung weiterer Massenvernichtungsmittel eingeleitet worden. In Großbritannien Anfang der fünfziger Jahre durchgeführte zivile Untersuchungen über neue phosphororganische Pestizide des Systox- und des Amiton-Typs gewannen sehr schnell militärchemisches Interesse.[19] Als dann zwischen 1956 und 1958 der schwedische Chemiker L. E. TAMMELIN eine Reihe von Cholinfluorphosphor- und Cholinfluorphosphonsäureestern sowie auch halogenfreie Ester der Cholinphosphorgruppe im Rahmen seiner Promotionsarbeit toxikologisch eingehender untersuchte[20], steigerte sich das militärische Interesse an diesen neuen extrem toxischen Verbindungen noch erheblich. Schon bald fanden sich erste Hinweise darauf, daß uns eine neue Kampfstoffgruppe bedrohte.[21]

Abbildung 10 gibt einige Formelbeispiel solcher Thio- bzw. Thiol- und Cholinphosphorsäurederivate wieder.

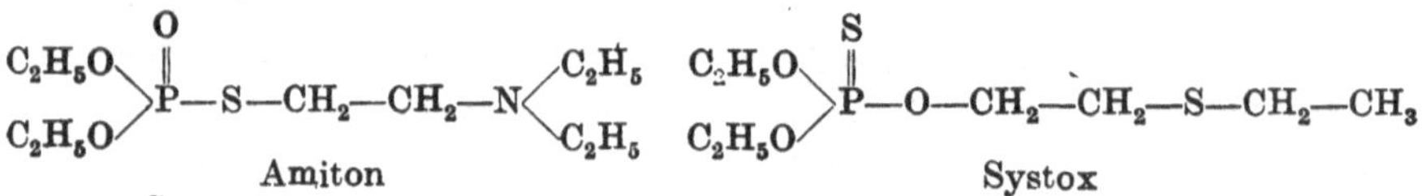

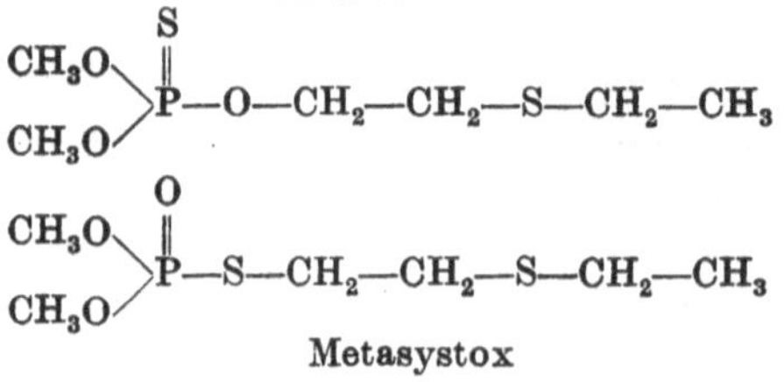

Abb. 10. Den V-Stoffen nahe verwandte phosphororganische Pestizide

Es kam zur Erweiterung des chemischen Waffenarsenals um die V-Stoffe bzw. VX-Stoffe, deren Strukturformeln nahezu zehn Jahre geheimgehalten wurden.

Abbildung 11 gibt Beispiele für solche V-Stoffe:

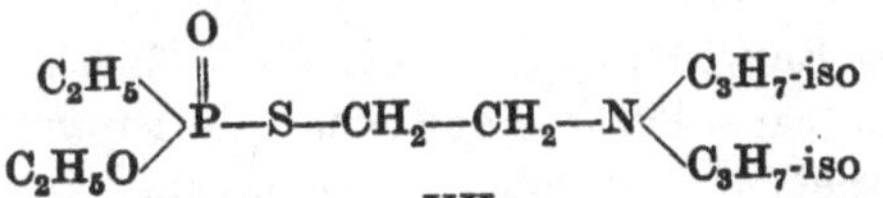

VX

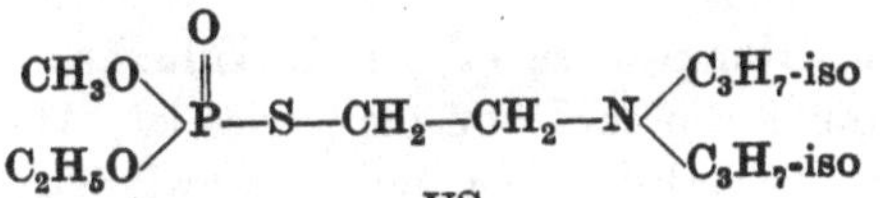

VS

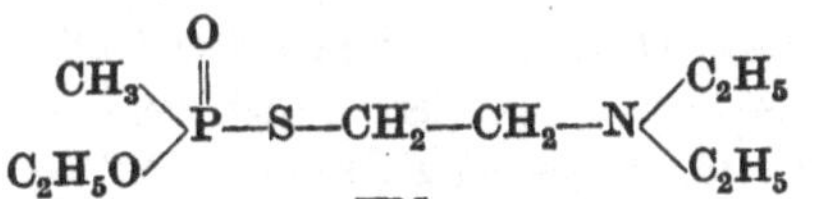

VM

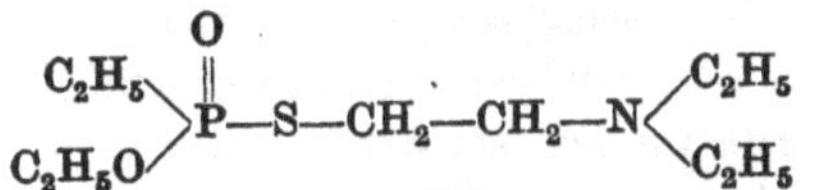

VE

Abb. 11. Chemische Kampfstoffe des V-Stoff-Typs

Die Toxizität dieser Verbindungen, die genau wie Tabun, Sarin und Soman reizlos und ohne sonstige rechtzeitige Warnsymptome auf inhalativem Wege ebenso wie durch die intakte Haut in den Organismus eindringen, liegt im Bereich von 0,01–0,005 mg/kg, d. h., weniger als 1 mg dieser Gifte vermag einen Menschen zu töten. Es handelt sich vorwiegend um Hemmstoffe der Cholinesterasen, wobei noch eine Reihe anderer Enzyme blockiert und daneben auch noch weitere nichtenzymatische Prozesse für das sehr komplexe Vergiftungsbild verantwortlich sind. Bis heute kann nur mit einer sehr aufwendigen symptomatischen Therapie ein solchermaßen Vergifteter gerettet werden.

Alle bisherigen Hoffnungen auf ein universelles Antidot für die Beherrschung von Vergiftungen durch derartige phosphororganische Verbindungen haben sich nicht erfüllt bzw. sind für den Einsatz unter Kriegs- und Katastrophenbedingungen – d. h. beim Massenanfall Vergifteter – nicht geeignet. Ein kürzlich zu dieser Problematik in Herceg-Novi (Jugoslawien) durchgeführtes internationales Symposium hat erneut verdeutlicht, wie außerordentlich groß der Rückstand der Antidot-Entwicklung hinter den Entwicklungen auf dem Gebiet der phosphororganischen Kampfstoffe ist.[22]

Alle Betrachtungen über die Wirkungen chemischer Kampfstoffe müssen stärker als bisher auch die Spätschadenproblematik berücksichtigen. Dies gilt sowohl für die generelle toxikologische Bewertung solcher Gifte als auch für die weiteren Entwicklungsarbeiten auf dem Gebiet der Antidote.[23]

In den letzten fünf Jahren ist nun die Entwicklung der chemischen Massenvernichtungsmittel in eine technologisch neue Phase eingetreten; sie ist mit dem Begriff der „Binär-Waffen" umschrieben[24]; sie soll hier wenigstens skizzenhaft erläutert werden.

Mit steigender Giftigkeit der chemischen Kampfstoffe wurden die sicherheitstechnischen Aufwendungen für den Produktionsprozeß und die territoriale Abschirmung der Lagerhaltung durch große Sicherheitszonen immer schwieriger. Ein weiterer, sehr wesentlicher Umstand behinderte schon in den sechziger Jahren die Rüstung auf dem Gebiet der chemischen Kampfstoffe ganz erheblich — dieser Umstand betrifft die nicht restlos gelöste Frage der zeitlich begrenzten chemischen Stabilität derartiger Kampfstoffe. Abgesehen davon ergibt sich auch aus der Entwicklung neuer chemischer Kampfstoffe das Erfordernis einer Erneuerung von Lagerbeständen und damit der Vernichtung solcher überlagerter oder „unmodern" gewordener Bestände an chemischen Kampfstoffen. In früheren Jahrzehnten übliche Vernichtungsmethoden erwiesen sich für die Mehrzahl der neueren chemischen Kampfstoffe entweder als technisch ungeeignet oder als zu teuer.[25] Mit „Nacht- und Nebel-Aktionen", wie dies die USA bei der Versenkung von tausenden Saringranaten im Atlantik vor wenigen Jahren praktizierten, ist das Problem auch nicht mehr lösbar, denn das in der Weltöffentlichkeit heute vorhandene „Umweltbewußtsein" läßt derartige Praktiken nicht mehr zu.

Aus dieser Situation heraus griff die US-Army auf schon vergessen geglaubte Vorschläge über die getrennte Lagerung von Kampfstoffkomponenten zurück und entwickelte binnen weniger Monate eine neue Konzeption zur Lagerung und Herstellung chemischer Kampfstoffe.[26] Sie beruht, vereinfacht dargestellt, darauf, daß die gering toxischen Vorprodukte der Kampfstoffe bevorratet und getrennt in die jeweiligen Geschosse abgefüllt, also erst nach dem Abschuß der Granate oder der Rakete während des Fluges des Projektils vermischt werden. Der eigentliche Kampfstoff entsteht somit wenige Sekunden vor dem Erreichen des Zielgebietes.[27]

Die Abbildungen 12 und 13 stellen die zugrunde liegenden chemischen Umsetzungen am Beispiel der G- und der V-Stoffe dar.

Eingehendere Erörterungen über die speziellen militär-chemischen Vor- und Nachteile sind hier nicht am Platze. Wohl aber gilt es, noch auf einige generelle Konsequenzen dieser Entwicklung aufmerksam zu machen.

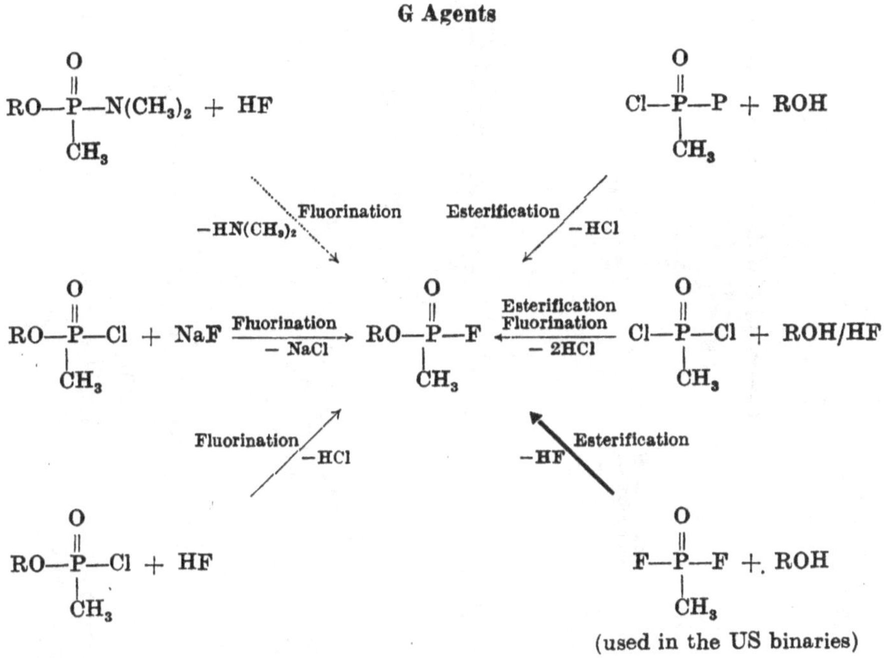

Abb. 12. Mögliche Umsetzungen nach dem Binärwaffen-Prinzip für chemische Kampfstoffe der Sarin/Soman-Gruppe (sog. G-Stoffe nach US-amerikanischem Armeecode)

Die Binärwaffen-Technologie ermöglicht es einem Aggressor, seine Absichten sehr gut zu verschleiern. Er kann die erforderlichen Vorprodukte unter den Bedingungen der zivilen chemischen Industrie herstellen, bevorraten und erforderlichenfalls auch anderweitig verwerten, d. h., sie für zivile Zwecke in der Pflanzenschutz- und Schädlingsbekämpfungsmittel-Fertigung oder der sonstigen Erzeugung chemisch-technischer und pharmazeutischer Produkte einsetzen. Mit derartigen sicherheitstechnischen und ökonomischen Vorteilen ist eine weitere Gefahr verknüpft, nämlich die der Verlockung zur Kampfstoffproduktion in kleineren Staaten mit imperialistischen Absichten, die aus territorialen oder wirtschaftlichen Gründen bisher keine Eigenfertigung in Betracht ziehen konnten. Schließlich gilt es noch zu beachten, daß diese neue Anwendungsart für chemische Kampfstoffe auch solche Gifte militärisch attraktiv macht, die früher auf Grund mangelnder Lagerstabilität oder durch sonstige Gründe zeitlich eng begrenzter Beständigkeit nicht als chemische Kampfstoffe zur Verwendung kommen konnten. Es kann demzufolge ohne Übertreibung gesagt werden, daß mit der Binärwaffen-Entwicklung für die chemischen

V Agents

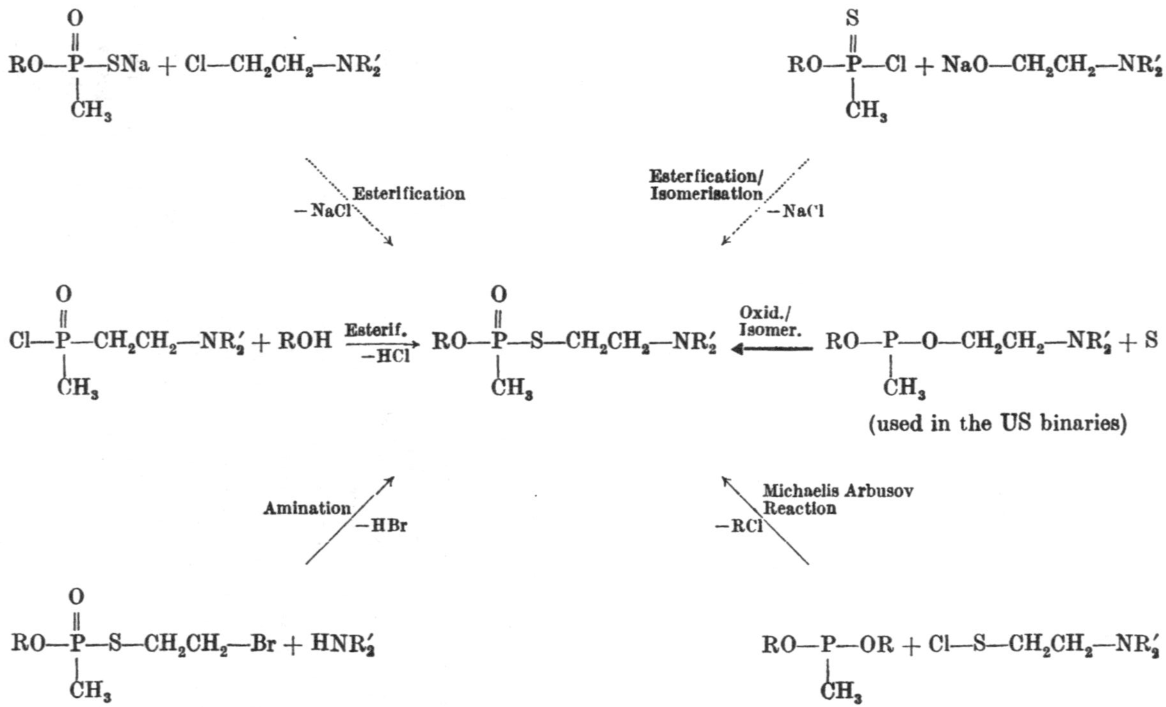

Abb. 13. Mögliche Umsetzungen nach dem Binärwaffen-Prinzip für chemische Kampfstoffe des V-Stoff-Typs (sog. V- bzw. VX-Stoffe nach US-amerikanischem Armeecode)

Kampfstoffe eine neue Etappe der Eskalation erreicht worden ist.[28] Wie man in den kapitalistischen Staaten auf eine sehr raffinierte Weise die Bevölkerung auf neue Kriegsmittel geistig vorbereitet, belegt der Thriller von J. LANG, in welchem die Idee der Binärwaffen publikumswirksam verkauft wird.[29]

Angesichts dieser erschreckenden Möglichkeiten der Vernichtung menschlichen Lebens erscheint es für den Außenstehenden kaum vorstellbar, daß mit unverminderter Intensität noch immer an der Weiterentwicklung chemischer Waffen gearbeitet wird — es ist jedoch so. Die imperialistischen Politiker und Militärs stellen sich auf die weltpolitischen Realitäten ein, die durch das Anwachsen der Weltfriedensbewegung und damit die Einschränkung ihres Handlungsspielraumes gekennzeichnet sind. Für das Gebiet der chemischen Waffen müssen sie damit rechnen, daß ihnen in den nächsten Jahren zumindest Teilabkommen über das Verbot chemischer Waffen abgerungen werden. Mit hoher Wahrscheinlichkeit werden diese Teilabkommen sich auf die akut hochtoxischen Kampfstoffe beziehen. Seit einigen Jahren versucht man daher, derartigen Abkommen durch einen formaljuristischen Streit um den Begriff des chemischen Kampfstoffes im allgemeinen und der Definition dessen, was man als sogenannte „nichtletale" Kampfstoffe bezeichnen kann, zu begegnen. Dieser Spiegelfechterei liegt eine wohlüberlegte Strategie zugrunde. Einerseits sollen ein entsprechendes Abkommen generell sabotiert und der Streit um die Definitionen ad absurdum geführt werden, andererseits soll im Falle eines Abkommens über die Ultragifte dann eine Palette angeblich „humaner chemischer Kampfstoffe" präsentiert werden. Angefangen von den bereits erwähnten Reizstoffen über die „nur" schmerzerzeugenden Substanzen (Algogene) bis hin zu den psychoaktiven Kampfstoffen wird diese Entwicklung schon seit Jahren zielbewußt vorangetrieben. So haben die Psychogifte schon in den fünfziger Jahren das Interesse der US-Militärs gefunden (zunächst unter dem Aspekt, daß man bei Angriffen auf Industriezentren nicht nur die wertvollen Produktionsanlagen, sondern auch die hochspezialisierten Industriearbeiter für die eigene spätere Nutzung erhalten will). Vom Modell des LSD ausgehend, sind inzwischen entsprechende Psychokampfstoffe in das Arsenal der Militärchemie aufgenommen worden.[30]

Besonders sei hier aus der Gruppe der BZ-Stoffe das Chinuklidinylbenzilat hervorgehoben. Insgesamt wird unterschätzt, wie sehr gerade die medizinische Forschung in den Mißbrauch der Wissenschaft zur Entwicklung militärisch verwendbarer Gifte, aber auch zum indirekten militärisch verwertbaren Erkenntnismißbrauch im Sinne von Testungen biologisch aktiver Verbindungen und biophysikalischer Verfahren am „Menschenmaterial" einbezogen worden ist. Die Rolle, die hierbei die Konzerne der kapitalistischen Pharmaindustrie spielen, ist erst kürzlich in der BRD in einem vielbeachteten Buch von Kurt

Blüchel eindrucksvoll dargestellt worden.[31] Den Wissenschaftlern in aller Welt sind die Menschenexperimente in den faschistischen Konzentrationslagern noch in Erinnerung; auf dem Gebiet der zivil kaschierten Psychopharmakatestung werden von menschenverachtenden Toxikologen im Dienste des militärisch-industriellen Komplexes Aufträge zur Kampfstoffentwicklung durchgeführt, die diesen Erinnerungen an die faschistische Zeit makabre Aktualität geben.

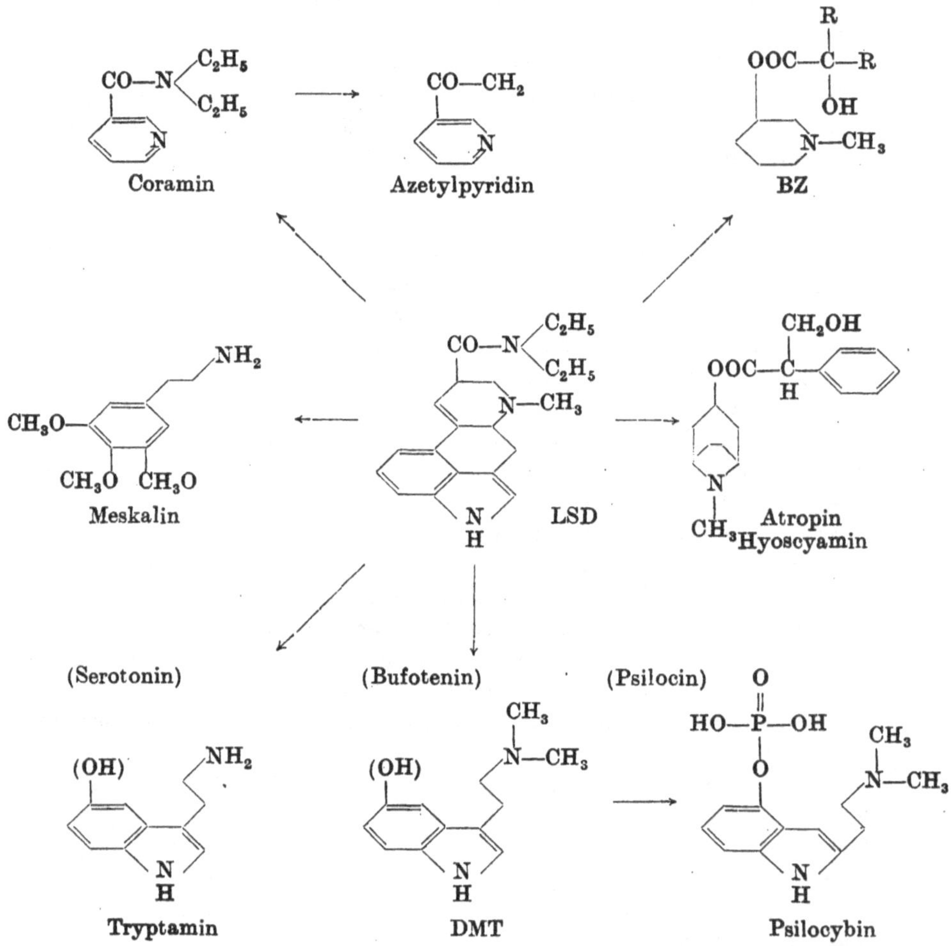

Abb. 14. LSD als „Leitsubstanz" für struktur- und wirkungsverwandte psychoaktive Verbindungen

Zu erwähnen ist schließlich auch noch eine ganz andere Entwicklungsrichtung der Kampfstoff-Chemie, die auf die militärische Nutzung der synthetischen Toxine abzielt. Dies ist im Zeitalter der Biotechnologie und der großen Fortschritte der Peptid-Chemie durchaus im Bereich der in den nächsten zehn Jahren technisch zu realisierenden Möglichkeiten. Damit wären chemische und biologische Kampfmittel so verquickt, daß es neuer mühevoller Anstrengungen bedürfte, um dafür geeignete völkerrechtliche Vereinbarungen treffen zu können. Das Ausmaß der sich hierbei auftuenden Problematik läßt sich anhand einer kürzlich vom SIPRI veröffentlichten Studie erahnen.[32]

Es soll hier durchaus nicht die Vision eines militärchemischen Schreckenkabinetts entworfen werden. Vielmehr ist es die tiefste Überzeugung des Autors, daß der Kampf der Völker für den Frieden und gegen die lebensfeindliche Reaktion siegreich sein wird! Aber die leidenschaftslose Beurteilung der Realitäten führt zu der Folgerung, daß es die Friedenskräfte in aller Welt in diesem Kampf noch sehr schwer haben werden.

In einer kürzlich erschienenen Studie von Professor Kurt Hager zum revolutionären und humanistischen Charakter der Wissenschaft heißt es hierzu: „Gerade in den letzten Monaten wurde deutlich, daß sich besonders in den entwickelten imperialistischen Staaten der Widerspruch zwischen den Möglichkeiten einer allseitigen Nutzung der Wissenschaft zur Entwicklung der Produktivkräfte und der einseitigen Ausnutzung wissenschaftlicher Erkenntnisse im Interesse des Monopolprofits ständig verschärft. Humanistisch denkende Wissenschaftler müssen immer wieder den Mißbrauch ihrer Forschungsergebnisse befürchten. Einer der akutesten Gegenwartskonflikte, die die Menschheit gefährden, ergibt sich aus dem wachsenden Gegensatz zwischen den humanitären Möglichkeiten von Wissenschaft und Technik und der Art und Weise, wie der Imperialismus Wissenschaft und Technik für die Entwicklung immer neuer verheerender Kriegsinstrumente einsetzt.“[33]

In wenigen Monaten wird das Jubiläum der Gründung unserer Akademie vor 275 Jahren gefeiert werden. Dieses Ereignis bietet in besonderer Weise die Gelegenheit, daß die Akademiemitglieder ihre Stimme erheben, um mit einer der Akademie der Wissenschaften der DDR angemessenen Erklärung sich hinter die Forderung der Partei- und Staatsführung der DDR zur Herbeiführung eines internationalen Verbotes der chemischen Waffen zu stellen.

Resolution

Die Mitglieder der Akademie der Wissenschaften der DDR haben im Verlauf einer Sitzung des Plenums am 27. Februar 1975 über den Mißbrauch der chemischen Forschung für die Entwicklung von Massenvernichtungswaffen folgende Feststellungen getroffen:

1. 50 Jahre nach der Debatte über das Verbot der chemischen und bakteriologischen Waffen in Genf ist das bedingungslose Verbot der chemischen Kampfstoffe noch immer nicht durchgesetzt.

2. Ungeachtet des Genfer Protokolls von 1925 und der darin festgelegten Verpflichtungen für die Signatarstaaten wird die Forschung, Entwicklung und Produktion chemischer Kampfstoffe fortgesetzt. Durch den verbrecherischen Einsatz von Giftstoffen in Vietnam, durch die Weiterentwicklung auf dem Gebiet der phosphororganischen Kampfstoffe zu den VX-Stoffen und durch die Umrüstung auf die Binärwaffentechnologie in den NATO-Armeen ist die Gefahr des Einsatzes chemischer Kampfmittel erheblich gestiegen.

3. Das Verbot bakteriologischer Waffen und die Beschränkung von Tests für Kernwaffen sowie das Verbot ihrer Weiterverbreitung zeigen, daß die Friedenskräfte in aller Welt, mobilisiert durch die Initiativen der UdSSR, in der Lage sind, dem Einsatz von Massenvernichtungsmitteln wirksam entgegenzutreten.

4. Die weltweiten Bemühungen um Entspannung in den letzten Jahren und die Verantwortung der Wissenschaftler verpflichten heute mehr als je, das Verbot chemischer Kampfstoffe durchzusetzen.

Die Wissenschaftler der Akademie der Wissenschaften der DDR fordern daher mit besonderem Nachdruck, das Verbot der chemischen Massenvernichtungsmittel nunmehr kurzfristig in Kraft zu setzen; sie wissen sich darin mit den friedliebenden Kräften in aller Welt einig. Sie unterstützen den Kampf der Weltföderation der Wissenschaftler um die Festigung des Friedens und begrüßen die für den Juli diesen Jahres nach Moskau einberufene Konferenz zum Thema: „Die Rolle der Wissenschaftler und ihrer Organistionen im Kampf um die Abrüstung.“ Eingedenk der Ziele ihrer vor 275 Jahren gegründeten Akademie werden sie alle Kräfte dafür einsetzen, den Auftrag der Verfassung der Deutschen Demokratischen Republik an die Wissenschaftler zu erfüllen: die Gesellschaft und das Leben der Bürger zu schützen und zu bereichern.

Berlin, den 20. März 1975

Das Plenum der Ordentlichen
und Korrespondierenden Mitglieder
der Akademie der Wissenschaften
der DDR

Anmerkungen

[1] Marx, K., Grundriß der Kritik der politischen Ökonomie, Dietz-Verlag, Berlin 1955, S. 47.

Es ist bezeichnend, daß die wirtschaftlichen Möglichkeiten der Umstellung der Rüstungsindustrie auf eine zivile Produktion in den kapitalistischen Staaten zwar in umfangreichen wissenschaftlichen Abhandlungen untersucht werden, „obwohl dieser Umstand nicht das Ausmaß der Aufmerksamkeit widerspiegelt, das dieses Thema in Regierungskreisen findet", wie Milton Leitenberg in seiner Studie „Das Umstellungspotential der Ausgaben für militärische Forschung und Entwicklung" kürzlich feststellte. (Leitenberg, M., The Role of Military Technology Today, International Social Science Journal, (UNESCO) *25* (1973), 336—357. Vgl. auch: Derselbe, in: von Bredow, W. (Hrsg.), Ökonomische und soziale Folgen der Abrüstung. Texte aus West- und Osteuropa, Schriften des Internationalen Institutes für den Frieden, Wien, Pahl-Rugenstein Verlag, Köln, 1974 sowie Forsberg, R./SIPRI, Resources Devoted to Military Research and Development, Stockholm International Peace Research Institute, Stockholm 1972 und Long, F. A., Science and the military, in: Civilization and Science in Conflict or Collaboration.

A CIBA Foundation Symposium, Elsevier — Excerpta Medica — North-Holland, Amsterdam — New York — London, 1972, S. 123—141.)

Leitenberg zitiert u. a. K. E. Boulding, der 1970 zu der Feststellung kam: „In den Vereinigten Staaten macht die Kriegsindustrie ungefähr 41% des gesamten staatlichen Wirtschaftssektors aus, inklusive Staat, Länder und Gemeinden".

Nach Leitenberg betrugen 1970 allein in den USA die Ausgaben für militärische Forschung und Entwicklung (ohne Weltraum- und Kernforschung!) etwa 8,5 Milliarden Dollar.

Wladimir Aboltin, von der Akademie der Wissenschaften der UdSSR, hat in gleichem Zusammenhang mit großem Ernst darauf hingewiesen, daß die Militärausgaben in einigen Entwicklungsländern für militärische Zwecke pro Jahr insgesamt 16 Milliarden Dollar betragen, d. s. etwa 50 Prozent des Gesamtumfanges ihrer Investitionen!

[2] Gromyko, A., Neues Deutschland vom 25. September 1974, S. 3—4.

[3] Vgl. Lohs, Kh., Banning Chemical Weapons — Current Problems, in: Scientific World 18 (1974) No. 3, S. 21—22; derselbe, The Misuse of Chemical and Toxicological Research by Developing Chemical Warfare Agents, in: Pugwash Newsletter 11 (1974), No. 5, S. 162; derselbe, Der Mißbrauch chemisch-toxikologischer Forschung für die

Entwicklung chemischer Kampfstoffe, in: Mittbl. Chem. Gesellschaft DDR **22** (1975) Heft 2; Lohs, Kh. et al., Chemical Weapons must be banned!, World Federation of Scientific Workers — WFSW —, London und Berlin 1974.

[4] Willstätter, R., Aus meinem Leben, Verlag Chemie, Weinheim 1949; vgl. auch Lohs, Kh., Fritz Haber und der chemische Krieg, in: Ztschr. Militärgeschichte **10** (1971) S. 432—445.

Dem Beispiel Fritz Haber, als den „Vater des chemischen Krieges" — wie er vor einigen Jahren in einem „Würdigungsartikel" in den USA apostrophiert wurde — läßt sich als Beispiel Gerhard Schrader entgegenstellen. War Haber der Initiator der Kriegsführung mit chemischen Waffen, so hatte Schrader die friedliche Absicht, nicht nach chemischen Kampfstoffen, sondern nach neuen Mitteln für den Pflanzenschutz und die Schädlingsbekämpfung zu suchen. Aber es sind nicht die friedlichen Absichten des Gelehrten als vielmehr die gesellschaftlichen bzw. die klassenmäßigen Realitäten, die darüber entscheiden, wie wissenschaftliche Erkenntnisse genutzt und ob sie mißbraucht werden. Schrader, ein den humanistischen Idealen und der christlichen Religion tief verhafteter Gelehrter, hat es — wie der Autor auf Grund persönlicher Eindrücke weiß — stets als schwere Bürde empfunden, daß seine Ergebnisse über phosphororganische Verbindungen in den Laboratorien der faschistischen deutschen Wehrmacht „umfunktioniert" und zur Basis einer großangelegten Produktion der Kampfstoffe Tabun und Sarin gemacht worden sind.

[5] In seinem Beitrag „Die Abrüstungsfrage im Wechselverhältnis politischer, ökonomischer sozialer Aspekte" bezeichnet Stefan Doernberg den Militärisch-Industriellen Komplex mit „jener unheilvollen Symbiose von Rüstungskapital, Militärs, Militaristen und Staatsbürokraten, deren parasitäre Existenzbedingung gerade der hohe Rang der Rüstung in der Prioritätenskala imperialistischer Politik nach außen und im Innern ist." Es ist dieser Militärisch-Industrielle Komplex, der auch dann, wenn er keinen Krieg mit Waffen führt, doch mit den Waffen verhängnisvolle Politik betreibt. In dieser politischen Strategie haben die chemischen Waffen seit Jahrzehnten ihren festen Platz. In diesem Zusammenhang führt Doernberg u. a. ferner aus: „Schließlich muß auch auf die Zählebigkeit von Ideologien, Klischees und strategischen Konzeptionen verwiesen werden, die der Militärisch-Industrielle Komplex geprägt hat. Das Denken in Kategorien des Kalten Krieges wirkt sich immer wieder auch auf politische Entscheidungen von realistischen politischen Kreisen kapitalistischer Länder aus.

Der Kampf um effektive Abrüstungsmaßnahmen ist somit zugleich ein Kampf zur Eindämmung des unheilvollen Einflusses des Militärisch-Industriellen Komplexes". (In: Ökonomische und soziale Folgen der Abrüstung, a. a. O.)

[6] Lohs, Kh., Synthetische Gifte, 4. Auflage, Militärverlag der DDR, Berlin 1974; Franke, S., Lehrbuch der Militärchemie, Deutscher Militärverlag, Berlin 1967; SIPRI, The Problem of Chemical and Biological Warfare, Vol. I—V, Stockholm International Peace Research Institute, Verlag Almquist u. Wiksell, Stockholm 1971—1973.

[7] Bothe, M., Das völkerrechtliche Verbot des Einsatzes chemischer und biologischer Waffen — Kritische Würdigung und Dokumentation der Rechtsgrundlagen —, Carl Heymanns Verlag KG, Köln — Bonn, 1973.

[8] 1969 teilte der Vorsitzende der Stabchefs der USA, General Wheeler, vor einem Komitee des US-Senats mit, daß ungefähr die Hälfte der Kampfstoffbestände aus Lost bestehen, wovon die Hälfte in Munition abgefüllt ist. (Department of Defense appropriations for Fiscal Year 1970. Hearings before a sub-committee of the Senate Committee on Appropriations. Teil 1, S. 186 [Bibliothek: SIPRI; Material von J. P. Robinson 1974]).

Die gesamte Lost-Produktion des Chemical Warfare Service der US-Army betrug während des 2. Weltkrieges etwa 80000 Tonnen. (Brophy, L. P. et al., The Chemical Warfare Service: From Laboratory to Field, Washington, D. C. 1959, S. 64.) Inzwischen ist das Lost als veraltet deklariert und ein spezielles Verbrennungsprogramm hierfür begonnen worden. (Fiscal Year 1973 Authorization for Procurement etc. Hearings before Senate Armed Services Committee, Teil 2, S. 606 [Bibliothek: SIPRI: Material von J. P. Robinson 1974]).

Ob und inwieweit sich andere kapitalistische Staaten solchen Vernichtungsaktionen für Lost angeschlossen haben, ist nicht bekannt.

[9] Vgl. N. A. S. (National Academy of Sciences), Study on the chemicals effects by use of defoliants during war in South Vietnam (1974); vgl. hierzu Congressional Record, 28. Febr. 1974, S. 2425—2442; sowie N. N., War herbicide report stirs controversy, Chemical and Engin. News, 11. März 1974, S. 18—19; Neilands, J. B. et al., Harvest of Death — Chemical Warfare in Vietnam and Cambodia, Free Press, New York, 1972; Neilands, J. B., Survey of Chemical and Related Weapons of War, Naturwissenschaften **60** (1973), S. 177—183.

[10] Sandermann, W., Polychlorierte aromatische Verbindungen als Umweltgifte, Naturwissenschaften **61** (1974), S. 207—213.

[11] Allmer, F., Umwelt ohne Gift? Verlag Chemie, Weinheim 1974.

[12] UNO, Napalm and other incendiary weapons and all aspects of their possible use. Report of the Secretary-General, United Nations, New York 1973.

[13] SIPRI, Napalm and incendiary weapons: Legal and humanitarian aspects, Stockholm International Peace Research Institute, Stockholm 1972.

[14] Fieser, L. F., The Scientific Method — A personel account of unusual Projects in war and in peace —, Reinhold Publ. Corp., New York 1964.

[15] Lumsden, M., New Military Technology and the Erosion of International Law: The Case of the Dum-Dum Bullets Today, in: Instant Research on Peace and Violence 4 (1974), Nr. 1, S. 15—20; vgl. hierzu: International Committee of the Red Cross, Weapons that may cause Unnecessary Suffering or have Indiscriminate Effects, Genf, 1973 sowie Royal Swedish Ministry of Foreign Affairs, Working Group (Chairman: T. Wulff), Conventional Weapons: Their Deploymont and Effects fron an Humanitarian Aspect. Recommendations for the Modernization of International Law, Stockholm 1973.

[16] Unter den sich abzeichnenden Varianten eines „Umwelt-Krieges" wird der „Verdünnung" und „Durchlöcherung" des unsere Erde schützenden Ozonmantels wachsende Bedeutung beigemessen. (N. N., More ozone bomshells, Industrial Research, Nov. 1974, S. 23—24) Die anfänglich diskutierte Möglichkeit, durch Kernwaffenexplosionen in großer Höhe kurzzeitig solche Verdünnungseffekte für das Ozon zu

erzeugen, daß der Einfall der Weltraumstrahlung und damit ein Brennglas-artiger Zerstörungseffekt in engumgrenzten Bereichen der Biosphäre erzielt wird, ist auf Grund physikalischer Überlegungen wohl inzwischen nicht mehr aktuell. Hingegen gewinnen ozonbindende Substanzen z. B. auf Basis von Fluorchlorkohlenwasserstoffen an Interesse, da man diese Substanzen mittels Raketen in den erforderlichen Höhen ausströmen lassen kann, was wesentlich unbemerkter als eine Kernwaffenexplosion vor sich geht, chemisch spezifischer und zeitlich variabel durch den „Nachschub" der ozonbindenden Mittel zu gestalten sowie analytisch besser kontrollierbar ist. Wieviel spekulatives an solchen Projekten gegenwärtig auch noch sein mag, Tatsache ist, daß die Chemie der höheren atmosphärischen Schichten gegenwärtig nicht nur unter den Aspekten des Umweltschutzes intensiv bearbeitet wird, sondern daß sich damit ein weites Feld des Erkenntnismißbrauches mit buchstäblich globalen Folgen eröffnet.

[17] Lenin, W. I., Werke, Band *27*, Dietz-Verlag, Berlin 1960, S. 420.

[18] Nach Angaben von P. Robinson (Binary Nerve-Gas Weapons, App. 1.: The Size of the United States Nerve-Gas Stockpiles, Spezielle Ausarbeitungen für American Chemical Society, Los Angeles und Pugwash-Workshop, Helsinki 1974.) beträgt die US-amerikanische Gesamtproduktion etwa 25000 Tonnen chemische Kampfstoffe Davon sind 80% Soman/Sarin (GB) und 20% VX. Derzeit werden an überlagerten Beständen (meist Sarin) etwa 2400 Tonnen vernichtet. Etwa 6000 Tonnen davon lagern in Westeuropa, vorwiegend in der BRD. Nach offiziellen US-amerikanischen Angaben lagerten im RMA, einer der mindestens 8 Lagerstätten für chemische Kampfstoffe in den USA, im November 1973 1860 Tonnen Sarin (zum Vergleich: der Gesamtbestand der Naziwehrmacht an Sarin betrug 1945 ~400 Tonnen).

(US House of Representatives, Committee on Armed Services. Subcommittee No. 1. Hearing on H. R. 9745 etc., H. A. S. C. No. 93/28, Washington DC, 1973 [Bibliothek: SIPRI].)

Im Sommer 1973 war eine Verlagerung der Kriegsreserve von etwa 2043 Tonnen Sarin vom RMA in das Tooele Army Depot (Utah), die bedeutendste Lagerstätte des US-Army Chemical Corps, vorgesehen (neben den erwähnten 1860 Tonnen Sarin, ferner 23 Tonnen Sarin in etwa 100 Honest-John-Raketen-Sprengköpfen, 147 Tonnen Sarin in etwa 900 Weteye-Bomben und 13 Tonnen Sarin in etwa 7000 kleinen M-139 Bomben. Das republikanische Kongreßmitglied Wayne Owens u. a. wandten sich gegen diese Maßnahme, da nach ihren Informationen im Lager von Tooele bereits die 10fache Menge an Sarin neben größeren Mengen VX-Stoff lagern würden. Es gibt hierzu bestätigende und bezweifelnde Berichte. (Vgl. Robinson, P., u. a. O.) Insgesamt ist der überwiegende Teil dieser USA-Vorräte (≈80%) in Munition abgefüllt, der Rest in Großbehältern (Fassungsvermögen je 1 Tonne).

[19] Gestützt auf frühere britische Forschungs- und Entwicklungsarbeiten hatte das US-Chemical Corps schon 1956 mit der Projektierung der Großproduktion von V-Stoffen begonnen. Von 1959 bis 1961 wurde bei Dana (Indiana) mit einem Kostenaufwand von über 25 Millionen Dollar die NCP-Anlage gebaut (Newport Chemical Plant). Ab 1961 lief die Produktion und die Munitionsabfüllung bis 1968 auf voller Leistung.

Der Preis pro Kilo VX betrug hierbei 4—6 Dollar. Insgesamt sind bis 1968 etwa 5000 Tonnen VX produziert worden.

Diese Angaben entsprechen näherungsweise anderen Angaben des US-General Accounting Office (Allgemeiner Rechnungshof), wonach das US-Verteidigungsministerium von Mitte 1964 bis Mitte 1969 35 Millionen Dollar für die Beschaffung der sog. „letalen chemischen Waffen" benötigt hat.

[20] TAMMELIN, L. E., Cholin Esters — Substrates and Inhibitors of Cholinesterases —, Svensk Kemisk Tidskrift 70 (1958), No. 4, S. 157—181.

[21] DUBININ, M. M., Potentialities of Chemical Warfare, Bull. Atomic Scientists 16 (1960) S. 250 f.

LOHS, Kh., Über neue militärisch bedeutsame Giftstoffe, Ztschr. Militärmed. 2 (1961) Heft 4, S. 13—20.

Derselbe, Militärtoxikolgisch interessante Weiterentwicklungen auf dem Gebiet der phosphororganischen Gifte, Ztschr. Militärmed. 4 (1963) Heft 5, S. 296—301.

[22] SIPRI, Medical Defences against Chemical Warfare Agents, Stockholm 1975.

[23] LOHS, Kh./SIPRI, Delayed Toxic Effects of Chemical Warfare Agents, Stockholm International Peace Research Institut, Stockholm 1975.

[24] LUNDIN, J., The Scope and Control of Chemical Disarmament Treaties particulary with regard to Binary Chemical Weapons Cooperation and Conflict 8 (1973), 3/4 S. 145—153.

ROBINSON, J. P., Binary weapons — a mixed problem, New Scientist, 5. April 1973.

[25] Über die Vernichtung überlagerter, d. h. teilweise zersetzter Bestände an phosphororganischen Kampfstoffen der US-Armee liegen offizielle Angaben vor, die indirekte Rückschlüsse auf die Gesamtproduktion solcher Kampfstoffe zulassen. Beispielsweise wurden 1969 im RMA (Rocky Mountain Arsenal) 2200 M-34 Cluster-Bomben (~190 Tonnen Soman/Sarin) vernichtet. Gleichfalls im RMA werden gegenwärtig weitere 21115 N-34 Cluster-Bomben mit Soman/Sarinfüllung vernichtet (Abschluß wahrscheinlich im Dezember 1976).

1967—68 sind 51180 Nervengasraketen M-55 (~250 Tonnen Sarin, dv. auch VX) vor der Küste von New Jersey versenkt worden. Ebenso wurde bei Fort Greely (Alaska) seit 1964 eine nicht bekannte Menge von Soman/Sarin- und VX-Munition vernichtet. Im August 1970 wurden 12540 Raketengeschosse M-55, eine VX-Landmine M-23 sowie 155 mm Artilleriegeschosse mit insgesamt etwa 60 Tonnen phosphororganischer Kampfstoffe vor der Küste von North Carolina versenkt.

Man kann annehmen, daß etwa 2400 Tonnen „Nervengase" bisher vernichtet wurden. Nach Angaben der Organisation der Vereinigten Stabchefs (OJCS) sind zwischen 1968 und 1973 die US-amerikanischen „Nervengas"-Vorräte um 17,5% reduziert worden (44). Dies ist jedoch nicht als Abrüstungsmaßnahme zu sehen, da es sich um ohnehin durch lange Lagerung wirkungsgeminderte Bestände handelte. (Vgl. ROBINSON, P., a. a. O.)

[26] Die erste militärische Nutzung eines Binärsystems wurde 1909 in dem USA-Patent 95 0032 empfohlen (für die Mischung von Salpetersäure und Glyzerin in Sprenggranaten mittels Preßluft kurz vor dem Abschuß). Erst 1942 wird dieser Ge-

danke für neuartige Hochexplosivgeschosse wieder aufgegriffen (z. B. in den USA-Patenten 240 2552 und 240 9282) und auch für Kampfstoffbomben (Mischungen aus Magnesiumarsenid und Schwefelsäure) vorgeschlagen (USA-Patent 248 9610). — Möglicherweise unter dem Eindruck des Zwischenfalls mit Schwefel-Lost im Hafen von Bari (Italien) 1943 machte L. W. GREENE, ein US-amerikanischer Militärchemiker 1949 den Vorschlag, das Lost in einem entsprechenden Binärsystem erst kurz vor der Anwendung herzustellen. Es dauerte jedoch noch fünf Jahre bis etwa 1954 das eigentliche Binärwaffen-Entwicklungsprogramm des US-amerikanischen Heeres anlief (vor allem wollte man damit Widerstände der US-Navy gegen die Lagerung von Kampfstoffen auf Schiffen überwinden). Unter den Erfordernissen der Umrüstung auf V-Kampfstoffe hat ab 1960 die Kriegsmarine der USA ein eigenes Binärwaffen-Programm, insbesondere für Fliegerbomben mit VX-Füllung, begonnen. Diese Entwicklungen spiegeln sich in den jährlichen Ausgaben für Forschung und Entwicklung chemischer Waffen der USA wider, die von etwa 45 Millionen Dollar 1960 auf nahezu 130 Millionen Dollar 1964 anstiegen. Der erste Report über Binärwaffen wurde Anfang 1966 von R. S. SIMOKAT unter dem Titel „Binary Data Study" als eine „betriebsinterne" Mitteilung der FMC Corporation, Newport, verfaßt, nachdem die wesentlichen Patente 1965 angemeldet worden waren (z. B. US-Patente Nr. 366 1083, 343 7035 und 369 1952). 1968 folgten dann die Anmeldungen für Kugelbomben mit Binärfüllungen (z. B. US-Patent 371 2219). Anscheinend sind jedoch diese Entwicklungen in und außerhalb der USA zunächst nicht genügend beachtet worden. Als eine erste konkretere Information der breiteren Öffentlichkeit über das neue Binärwaffen-Programm ist eine Veröffentlichung von S. D. FAIR in der US-amerikanischen Armeezeitschrift „Army" von April 1972 (S. 29—32) zu werten. Diese Publikation enthält auch die Abbildung des 155 mm — Binärstoff — Haubitzengeschosses XM 687. Diese Geschosse wurden gemäß einer Mitteilung an die Kongreßmitglieder der USA (vom 18. 9. 1973) im Pine Bluff Arsenal im US-Bundesstaat Arkansas mit den Binärkomponenten gefüllt bzw. in einen anwendungsbereiten Zustand gebracht. *Anmerkung nach Redaktionsschluß:* Aufschlußreiche Einzelheiten über Art, Ausmaß und Entwicklungsgeschichte des Binärwaffenprogrammes der USA sind jetzt in einer Studie von J. Perry ROBINSON zu finden, die im Mai 1975 vom Stockholmer Internationalen Institut für Friedensforschung — SIPRI — zusammen mit anderen Materialien unter dem Titel „Chemical Disarmament — New Weapons for Old" veröffentlicht wurden. Die dort gemachten Angaben bestätigen und erweitern die in diesem Plenarvortrag gemachten Angaben über die Binärwaffen-Entwicklung.

[27] LARSSON, L., Binära C-Vapen, FOA-Tidskrift, 1973, S. 8—9; ROBINSON, J. P., Binary weapons . . ., a. a. O.

[28] LUDIN, J., a. a. O.; LOHS et al., Chemical Weapons . . ., a. a. O.

[29] LANG, J., Binary, William HEINEMANN Ltd., 1972; Pan Books Ltd., London 1973.

[30] LOHS, Kh., Synthetische Gifte, a. a. O.; NEILANDS, J. B. et al., Harvest of Death . . ., a. a. O.

[31] BLÜCHEL, K., Die weißen Magier, C. Bertelsmann-Verlag, München/Güterloh/Wien 1974.

32 ZUBOV, V./SIPRI, The Effects of Developments in the Biological and Chemical Sciences on CW Disarmament Negotiations, Stockholm International Peace Research Institute, Stockholm 1974.
33 HAGER, K., Wissenschaft und Technologie im Sozialismus, Dietz-Verlag, Berlin 1974, S.16.

FSC
www.fsc.org
MIX
Papier | Fördert
gute Waldnutzung
FSC® C083411

Zeitfracht Medien GmbH
Ferdinand-Jühlke-Straße 7
99095 Erfurt, Deutschland
produktsicherheit@kolibri360.de